油菜的故事

为什么我们需要『转基因』

陈一帆
吴潇

著

U0247400

上海科学技术出版社

图书在版编目（CIP）数据

油菜的故事 / 陈一帆，吴潇著. -- 上海 ：上海科
学技术出版社，2022.12
　（为什么我们需要"转基因"）
　ISBN 978-7-5478-5947-6

Ⅰ．①油… Ⅱ．①陈… ②吴… Ⅲ．①转基因植物－
油菜－少儿读物 Ⅳ．①S634.3-49

中国版本图书馆CIP数据核字(2022)第216659号

油菜的故事

陈一帆　吴　潇　著

上海世纪出版（集团）有限公司

上 海 科 学 技 术 出 版 社　出版、发行

（上海市闵行区号景路 159 弄 A 座 9F–10F ）

邮政编码 201101　　　www.sstp.cn

上海展强印刷有限公司印刷

开本 787 × 1092　1/16　印张 6.5

字数 90 千字

2022 年 12 月第 1 版　2022 年 12 月第 1 次印刷

ISBN 978-7-5478-5947-6/S·245

定价：48.00 元

序一

植物驯化与改良成就了人类文明

遥想在狩猎采集时代，当原始人类漫步在丛林中采摘野果充饥时，他们绝不会想到，手中这些野生植物的茎、叶、果实，会在后世衍生出那么多的故事。反之，当现代人忙碌穿梭在清晨拥挤的地铁和公交之间时，他们也不会想到，手中紧握的早餐，却封藏着前世的那么多秘密。你难道不对这些植物的故事感兴趣吗？

从原始的狩猎采集到现代的辉煌，这是一段极其漫长的时光，但是在宇宙运行的轨迹中，这仅仅是短暂的一瞬。在如此短暂的瞬间，竟然产生了伟大的人类文明和众多的故事，这不能不说是一个奇迹。但这些奇迹却由一些不起眼的野生植物和它们的驯化与改良过程引起，这就是我们不知道的秘密。

最初，世间没有栽培的农作物，但是在人类不经意的驯化和改良过程中，散落在自然中的野生植物就逐渐演变成了栽培的农作物，而且还成就了人类的发展和文明，产生了许多故事。你能想象，一小队不断迁徙、疲于奔命，永远在追赶和狩猎野生动物、寻找食物的人群，能够发展成今天具有如此庞大规模的人类和现代文明吗？而另一群人，能够开启大脑的智慧，驯化和改良植物，定居下来、守候丰收、不断壮大队伍，有了思想和剩余物质和财富的人类，一定能够走进文明。

因此，植物驯化是人类开启文明大门的里程碑，栽培植物的不断改良是人类发展和文明的催化剂。

植物驯化和改良为人类提供了食物的多样性和丰富营养，包括主粮、油料、蔬菜、水果、调味品，以及能为人类抵风御寒和遮羞的衣物。这些栽培农作物的背后有着许多有趣的科学故事，而且每一种农作物都有属于自己的故事。但这些有趣的科学故事，不一定为大众所熟知。就像农作物的祖先是谁？它们来自何方？属于哪一个家族？不同农作物都有何用途？如何在改良和育种的过程中把农作物培育得更加强大？经过遗传工程改良的农作物是否会存在一定安全隐患？

这些问题，既令人兴奋又让人感到困惑。然而，你都可以在这一套"为什么我们需要转基因"系列丛书的故事中找到答案。

丛书中介绍的玉米是世界重要的主粮作物，也是最成功得到驯化和遗传改良的农作物之一，它与水稻、小麦、马铃薯共同登上了全球 4 种最重要的粮食作物榜单。玉米的起源地是在中美洲的墨西哥一带，但是现在它已经广泛种植于世界各地，肩负起了缓解世界粮食安全挑战的重担。

大豆和油菜不仅是世界重要的油料作物，而且榨过油的大豆粕和油菜籽饼也大量作为家畜的饲料。在中国，大豆和油菜更是作为重要的蔬菜来源，我们所耳熟能详的美味菜肴，如糟香毛豆、黄豆芽、各类豆腐制品、爆炒油菜心和白灼菜心等，都是大豆和油菜的杰作。

番木瓜具有"水果之王"和"万寿果"之美誉，是大众喜爱的热带水果植物。一听这个带"番"字的植物，就知道它是一个外来户和稀罕的物种，资料证明，番木瓜的老家是在中美洲的墨西哥南部及附近地域。番木瓜不仅香甜可口，还具有保健食品排行榜"第一水果"的美誉。此外，番木瓜还可以作为蔬菜，在东南亚国家，例如泰国、柬埔寨和菲律宾等，一盘可口清爽的"凉拌青木瓜丝"真能让人馋得流口水。

棉花也是一个与现代人类密切相关的农作物。在我们绝大多数地球人的身上，肯定都有至少一件棉花制品。棉花原产于印度等地，在棉花引入中国之前，中国仅有丝绸（富人的穿戴）和麻布（穷人的布衣）。棉花引入中国后，极大丰富了中国人的衣料，当年棉花被称为"白叠子"，因为有记载表示："其地有草，实如茧，茧中丝如细纩，名为白叠子。"现在，中国是棉花生产和消费的大国，中国的转基因抗虫棉花研发和商品化种植，在世界上也是名噪一时。

随着全球人口的不断增长，耕地面积的逐渐下降，以及我们面临全球气候变化的严峻挑战，世界范围内的粮食安全问题越来越突出，人类对高产、优质、抗病虫、抗逆境的农作物品种需求也越来越大。这就要求人类不断寻求和利用高新科学技术，并挖掘优异的基因资源，对农作物品种进一步升级、改良和培育，创造出更多、更好的农作物品种，并保证这些新一代的农作物产品能够安全并可持续地被人类利用。

如何才能解决上述这些问题？如何才能达到上述的目标？相信，读完这五本"为什么我们需要转基因"系列丛书中的小故事以后，你会找到答案，还会揭开一些不为人知的秘密。

民以食为天，掌握了改良农作物的新方法和新技术，我们的生活就会变得更美好。祝你阅读愉快！

复旦大学特聘教授

复旦大学希德书院院长

中国国家生物安全委员会委员

2022 年 11 月 30 日夜，于上海

序二

本书主题"为什么我们需要转基因——大豆、玉米、油菜、棉花、番木瓜"是一个很多人关心，很多专业人士都以报告、科普讲座等从不同角度做过阐释，但仍感觉是尘埃尚未落定的话题。作者所选的大豆、玉米、油菜、棉花、番木瓜等既是国内外转基因技术领域现有的代表性物种，也是攸关百姓生活的作物。作者在展开叙说时用心良苦，这从全书的布局、落笔的轻重和篇章的设计都能体会到。当然这个时候出版"为什么我们需要'转基因'"系列科普图书或有应和今年底将启动的国家"生物育种重大专项"的考虑。

书名涉及的几个关键词值得咀嚼一番。首先这里的"我们"既泛指中国当下自然生境下生存生活的市井百姓，也是观照到了所有对转基因这一话题感兴趣的人们，包括政策制定者、专业技术人员、媒体人士和所有关注此话题的读者。"需要"则既道出了当下种质资源和种源农业备受关注，强调保障粮食安全和生物安全是国家发展的重大战略需求的时代背景，也表达了作者和所有在这一领域工作的专业技术人员的态度。在具体作物前加上"转基因"这一限定词，直接点出了本套书的指向，就是不避忌讳，对转基因技术应用的几个典型物种作一番剖解。值得一提的是，作者在进入"为什么我们需要转基因——大豆、玉米、油菜、棉花、番木瓜"这些代表性转基因作物这一正题前，先用了不少于全书三分之一的篇幅切入对这些作物的起源、分类、生物学形态、生长特性、营养及用途、种植相关的科学知识，转基因育种的原因、方法和进展，以及相关科学家的贡献做了详尽介绍。如大豆一书在四章中就有两章的篇幅是对大豆身世、大豆的成分与用途、食用方法及相关的趣味性知识性介绍。这样的铺垫把这一大宗作物与读者的关系一下子拉近了许多，在传递知识的同时增加了读者的阅读期待。

而在进入转基因和转基因技术及其作物这些大家关心的章节时，作为部级转基因检测中心专家的作者的叙述和解读是克制、谨慎的，强调了中国积极推进转基因技术研究，但对于转基因技术应用持谨慎态度的立场和政策，这从目前国内批准、可以种植并进入市场流通的转基因作物只有棉花和番木瓜两种可见一斑。在相关的技术推进、政策制定和检测技术、对经过批准的国外进口转基因原料管理的把关等都有严格的管理和规范。作者在把这一切作为前提——点到澄清的同时，分析了国内外的转基因技术发展的态势、转基因技术的本质，并对广大市民关心的诸如：转基因大豆安全吗？中国为什么要进口转基因大豆？转基因玉米的安全性问题？转基因食用安全的评价？转基因食品和非转基因食品哪个更好？转基因番木瓜是否安全等问题——作了回应。

坦诚地讲，作者这种敢于直面敏感话题的勇气令人钦佩、把不易表述清楚的专业事实作了尽可能通俗易懂解读的能力值得点赞！但是感佩的同时还是有一点不满足，就是转基因技术的价值，加强转基因技术研究之于14亿人口、耕种地极为有限的中国的重要性的强调力度仍显不够。当然这或许是圈内人应有的慎重。相信随着更多相关研究的推进，随着人们对转基因技术的作用和价值有了更深入的了解和认知，作者在再版这套书时会给我们带来更多的信息和惊喜。

上海市科普作家协会秘书长　江世亮

目录

油菜简介

菜花

凌寒冒雪几经霜，一沐春风万顷黄。

映带斜阳金满眼，英残骨碎籽犹香。

——孙 犁

说到油菜，大家都不陌生，菜市场里绿油油的小油菜，还有超市里黄亮亮的菜籽油，这两种真的是同一个品种？真的是没有成熟的时候当菜吃，开花结果后种子就用来榨油吗？

脂肪是人类生长和发育必需的营养物质之一，因此我们要保证一定量的油脂摄入。早期的人类通过捕猎动物来获得动物油脂，随着时代的发展，人类的生活方式从狩猎采集转变为农业种植模式，获得油脂的途径也就多了起来。一些可以用来榨油的农作物陆续被人们发现，油菜就是其中之一并因此得名。油菜，顾名思义，是可以榨油的蔬菜。

从最早被作为蔬菜种植到被发现可以榨油，再到现在，油菜经历了数千年的漫长岁月，随着人类对它的不断驯化，油菜的种类也越来越多，伴随着杂交育种方法在油菜中的应用，油菜品种也变得越来越复杂。翻开书籍，让我们来认识油菜并了解它吧！

1. 油菜简介

油菜不像花生、玉米等油料作物那样在植物分类学上属于单一的物种。栽培学上将可以收种子榨油的十字花科作物统称为油菜，而一般通称的油菜是十字花科芸薹属几个种的油用变种，包括白菜型油菜、芥菜型油菜和甘蓝型油菜。

油菜有着优秀的适应能力和极高的产油效率，被广泛种植在世界各地，是我国第一大油料作物以及世界四大油料作物之一。

油菜花田

油菜的植物学分类（恩格勒系统）

门：被子植物门（Angiospermae）

纲：双子叶植物纲（Dicotyledoneae）

亚纲：原始花被亚纲（Archichlamydeae）

目：罂粟目（Rhoeadales）

亚目：白花菜亚目（Capparineae）

科：十字花科（Brassicaceae）

属：芸薹属（*Brassica*）

油菜花

| 拓展知识 |

　　恩格勒系统是1897年德国学者恩格勒（A. Engler）和勃兰特（K. Prantl）在《植物自然科志》中所使用的世界历史上第一个完整的植物自然分类系统。

　　这个系统在世界各国影响巨大，我国大多数的植物研究机关、标本馆和分类学著作，被子植物各科均按恩格勒系统排列，如《中国植物志》等。

| 拓展知识 |

　　十字花科植物：因有十字形的花冠而得名，花瓣一般为4片，以辐射对称的方式生长，十分有特点。

　　十字花科的另一个特点是大多数都含有芥子油苷，它是一类有着特殊辛辣气味的物质，是调味品芥末中辣味的主要来源。据文献记载，古时候的油菜、芥菜也有着特殊的辛辣味道。随着人们一代代的人工选育，才逐渐改良成我们现在所吃蔬菜的优良口感。

　　我们常吃的蔬菜中有许多都属于十字花科植物，比如大白菜、小青菜、萝卜、油菜、甘蓝（包菜）、花椰菜（花菜、西兰花）和山葵等。

十字花科：油菜花

十字花科：萝卜花

2. 油菜的类别有哪些?

在油菜漫长的进化史上,形成了很多不同的家族品种,就我国而言,可分为三大类型,即白菜型油菜、芥菜型油菜和甘蓝型油菜。

白菜型油菜原产于我国,主要在长江流域和西北高原等地种植,适应性强,是西北高原最重要的油料作物。

芥菜型油菜有着特殊的辛辣气味,主要在西北和西南地区种植。

甘蓝型油菜则是在 20 世纪早期从日本和欧洲传入我国,产油率高,在全国各地都有种植,主产区集中在长江流域。

白菜型和芥菜型油菜现在多数用来作为蔬菜食用叶子和茎,而甘蓝型油菜则主要用于榨油。

白菜型油菜

芥菜型油菜

甘蓝型油菜

3.三种类型油菜在基因上的区别是什么？

追根溯源，油菜家族和白菜、芥菜、甘蓝一样，是从野生的芸薹属植物驯化而来的。由于漫长的人工驯化与杂交，在基因组上，油菜各个家族有了明显的差异：白菜型油菜（20条染色体）仍然保留着其祖先芸薹（20条染色体）的血缘，芥菜型油菜（36条染色体）是黑芥（16条染色体）与芸薹（20条染色体）自然杂交后形成的异源四倍体，甘蓝型油菜（38条染色体）则是由芸薹（20条染色体）与甘蓝（18条染色体）自然杂交后形成的异源四倍体后代。

芥菜

芸薹

甘蓝

| 拓展知识 |

2n 的意思是这个生物是二倍体，如果是 3n 的话这个生物就是三倍体，n 就是正常细胞内的同源染色体的对数。比如人类是 2n＝46，表示人类的正常体细胞内有 23 对同源染色体，也就是 46 条。

二倍体是指体细胞中含有 2 套染色体组并成对分布的生物个体。自然界中大多数的动植物都是二倍体。

异源四倍体是指 2 个不同品种的二倍体植物杂交（且必须是体细胞杂交）后形成的杂种后代，例如甘蓝型油菜（4n＝38）就是由 2 个二倍体植物芸薹（2n＝20）与甘蓝（2n＝18）融合形成的异源四倍体后代。

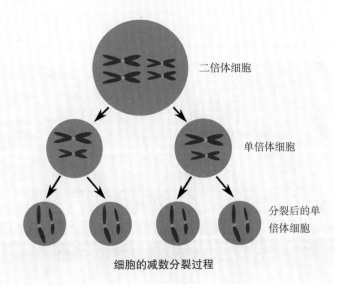

二倍体细胞

单倍体细胞

分裂后的单倍体细胞

细胞的减数分裂过程

11

　　白菜型油菜　我们通常称之为小油菜、油白菜等。白菜型油菜株体较矮小，常见有北方小油菜和南方油白菜两种。原产中国西北部的北方小油菜基叶有明显叶柄，有缺刻；南方油白菜基叶叶柄不明显，无缺刻或不明显。

　　南方油白菜的幼苗生长很快，成熟期也比较早，所以它更适合作为蔬菜食用。而在北部和西部高寒山区，例如西藏地区，由于北方小油菜的适应性极强，仍是当地最主要的植物油来源。

　　据研究，白菜型油菜起源于我国，有着悠久的栽培历史，原始的北方小油菜是由白菜逐渐变异形成的。南方油白菜的形成则要晚于北方小油菜，但由于南方的气候更利于油菜生长，所以形成了许多南方油白菜品种。

南方油白菜

北方小油菜

北方小油菜籽

芥菜型油菜　俗称辣油菜、高油菜，属于一种种子可以榨油的芥菜，籽粒细小，多为金黄色或暗红色，是中国土生土长的油菜类型。

芥菜型油菜的显著特征是种子和叶片有特殊的芥辣味。它在我国西南、西北和华北等地种植较多。芥菜型油菜籽粒较小，千粒重 1 ~ 2 克，含油量在 40% 以下，由于芥菜型油菜的产量相对较低，故种植面积越来越小。

芥菜型油菜的种子有明显的辣味并呈黄色，调味料黄芥末就是用它的种子磨成粉末制成的，辣椒出现在中国之前，它就是人们重要的辣味来源。

| 拓展知识 |

　　和由芥菜种子制成的黄芥末不同，绿芥末一般是由山葵或辣根的根部磨成泥状制作而成，因为与芥菜型油菜同属十字花科，所以有着相似的辣味，但其实是由两种不同的植物制作而成的。

芥菜型油菜

黄芥菜种子

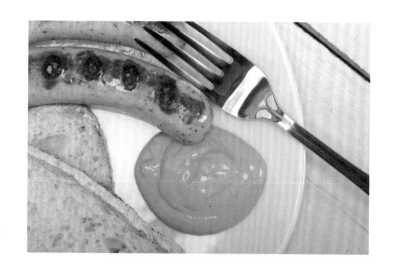

用于烤肠蘸料的黄
芥末

　　甘蓝型油菜　又叫做欧洲油菜，是目前世界上油菜种植面积最大的类型，主要被用于榨油和作为动物饲料。

　　甘蓝型油菜的根系发达，老叶宽大并有明显的缺刻，新叶则呈细条形，由于在外形和血缘上和甘蓝接近，所以被称为甘蓝型油菜。它结果多，种子大且为黑色或者黑褐色，一般千粒重为 3～4 克；含油量比较高，通常在 40% 以上。

　　在几千年进化史中，甘蓝型油菜逐渐适应了不同的海拔与气候生态环境，形成了冬性、春性和半冬性三大类，又因为它的产油量比较高，并且耐寒耐湿，所以是我国种植的主要油菜类型。

茎尖、新叶和花苞

油菜角果

甘蓝型油菜籽

| 拓展知识 |

三性油菜的特点

冬性油菜 以甘蓝型油菜为主,一般在秋季播种,次年夏季成熟,生长周期较长,产油量高,是世界种植面积最大的油菜品种,我国长江流域种植的也多为冬性油菜。它的主要特点是种子萌动后到花芽分化以前,必须经过春化处理,才能转入生殖生长。如著名的胜利油菜须经过 15～30 天 0～5℃的低温环境,才可顺利地通过春化阶段,进入生殖生长期。

春性油菜 以白菜型、芥菜型油菜为主,如在西北地区种植的白菜型小油菜就是典型的白菜型春油菜;新疆和云南则是我国芥菜型春油菜较为集中的地方。它的主要特点是种子萌动以后到花芽分化,不需要经过一个低温阶段,可在 8～12℃,甚至更高温度环境中进入生殖生长。

半冬性油菜 介于冬性、春性油菜两者之间。它的主要特点是通过春化阶段对低温要求不严格,经 20～30 天 3～5℃环境条件即可通过春化阶段,进入生殖生长期。

冬日里一排排的冬油菜

油菜的种植

在上一个章节中提到了油菜的 3 种类型，有着油菜之名的它们如今被划分为 3 个不同的物种，徜徉在时光的长河中，油菜三兄弟是如何分道扬镳走上各自的进化之路的呢？

　　甘蓝型油菜产油量高，这是他胜过另外两兄弟成为油菜三兄弟中老大的主要原因。甘蓝型油菜在世界各地都有种植，是种植最为广泛的品种。在我国农村，自家周围空地种上一些油菜成为很多地方的一种习惯。

　　然而美中不足的是，3 种油菜籽都含有大量对人体有害的芥酸和硫苷，为了解决这一难题，让大家吃到健康的菜籽油，科学家们通过不断努力，终于培育出了低芥酸、低硫苷的"双低"油菜品种。现在，让我们一起来了解油菜三兄弟的发家史吧！

4. 甘蓝型油菜的种植地区

甘蓝型油菜是一个非常"年轻"的物种,由白菜和甘蓝在 6 800 ~ 12 500 年前杂交而成。它的种植范围非常广泛,北起挪威、加拿大等高纬度区域,南至我国长江流域、印度、巴基斯坦、澳大利亚等地,在世界各地被广泛种植。其中,欧盟、中国、加拿大、印度、澳大利亚、乌克兰等是世界上甘蓝型油菜种植面积最大的国家 / 地区。

2013—2019 年度全球油菜籽主产国 / 地区(单位:千吨)

	2013/2014	2014/2015	2015/2016	2016/2017	2017/2018	2018/2019	2019/2020
加拿大	18 551	16 410	18 377	19 599	21 328	20 343	19 000
欧盟	21 306	24 587	21 997	20 538	22 184	20 033	17 000
中国	13 523	13 914	13 859	13 128	13 274	13 281	13 100
印度	6 650	5 080	5 920	6 620	7 100	8 000	7 700
乌克兰	2 352	2 200	1 744	1 250	2 217	2 850	3 365
俄罗斯	1 259	1 324	1 001	997	1 497	1 989	2 040
澳大利亚	3 832	3 540	2 775	4 313	3 893	2 180	2 300
美国	1 000	1 138	1 305	1405	1 394	1 644	1 553
全球	70 627	70 422	68 735	69 488	75 024	72 414	68 238

白菜型和芥菜型油菜是我国的传统种植油菜。甘蓝型油菜直到 20 世纪中叶才在长江流域推广，著名的胜利油菜就是其中之一。如今，我国各地都有种植。

5. 甘蓝型油菜的起源地

甘蓝型油菜又叫欧洲油菜，它的原产地并不在中国，考古学家们曾在欧洲新石器时代遗址中发现了它祖先的种子。科学家们推测，这种原始型的甘蓝种子可能是由雅利安族的克勒特人从亚洲带到欧洲去的，并在欧洲繁衍进化形成了可用于榨油的甘蓝型油菜后，最终传入中国。

欧洲油菜在演化为冬性、春性和半冬性三个类型的过程中，与它的血缘祖先白菜、甘蓝之间也存在着基因交流。在漫长的物种进化和自然选择过程中，产生了许多不同的基因型并导致欧洲油菜产生了不同生长习性和不同形态的亚种。

自然界中始终还未发现欧洲油菜的野生种，科学家们使用基因组重测序技术，追根溯源，发现在约 7 000 年前形成的冬性欧洲油菜可能是由白菜品种里的欧洲芜菁和甘蓝品种里的茎蓝、花菜、西兰花、中国芥蓝等4种甘蓝的共同"祖先"杂交形成。

在7000年前形成的冬性甘蓝型油菜，适合在低温地区生长；诞生于400多年前的春性甘蓝型油菜，生长周期最短；70多年前，我国特有的、全新的适用于"稻油"轮作的半冬性油菜诞生了，经过多代繁衍，甘蓝型油菜杂交出适应不同生长条件、具有不同特点的多个品种。

芜菁

茎蓝

花椰菜

西兰花

|拓展知识|

基因组重测序技术

对基因组序列已知的物种个体进行基因组测序的方法，可以用于分析不同个体基因组间的差异，研究不同物种之间的亲缘关系。

6. 中国油菜的起源

中国是芥菜型油菜和白菜型油菜的起源地之一，在距今 8 000 多年前的甘肃秦安大地湾遗址，考古学家就发现了已经炭化的油菜籽残骸，在距今 7 000 年前的半坡遗址陶罐中也发现了大量的炭化芥菜籽。此外，在西汉马王堆墓中，也发现了完整的芥菜籽，从外观上看，它们和现在的油菜籽非常相似。

所以，我国油菜栽培历史非常悠久，关于它的记载也很多。作为我国最古老的历书，夏代的《夏小正》中就有"正月采芸，二月荣芸"的记载。意思是说农历正月采摘菜薹，二月油菜花就开了。

在古代，油菜一开始是作为蔬菜种植的，被称为芸薹菜。古籍记载的油菜别名超过 20 种，南北朝时期《齐民要术》中就提到芸薹、芥子等油菜名称。

在《本草纲目》中，也有提到古代栽培的芥菜和芸薹"乃今油菜也"，还绘制了芸薹菜和芥菜的图形。19 世纪吴其濬著《植物名实图考》中将我国油菜分为油辣菜和油青菜两大类，指的即是我国的芥菜型油菜和白菜型油菜。

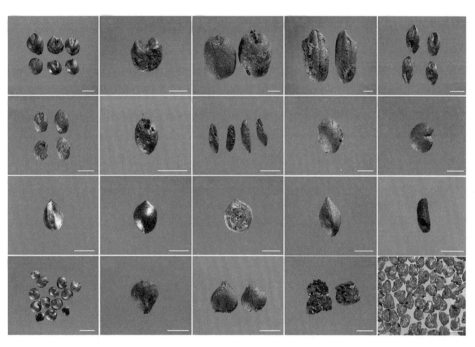

从大同埔遗址收集
的炭化作物种子
（图片来自《植物科
学前沿》，贾鑫）

油菜花田

芸薹（本草纲目）

7. 中国油菜种植区域在哪？

中国是世界最大的油菜生产国，种植面积占世界的1/3左右。因为对气候、土壤的适应性很强，油菜在我国的分布地域极广，从东北到海南，从新疆到沿海各省，均有大面积的油菜种植，其中又以长江、淮河流域为主。

同时，又由于南北方气候条件差异，可以大致分为春油菜和冬油菜两个产区。

31

春油菜区主要是我国的北方地区，包括内蒙古以及西北、东北地区，为春种秋收。冬油菜区则主要是我国的中部和南部各省，是全国油菜的主产区，长江流域是油菜籽的主产区和主要加工区，占全国总产量的90%以上。为秋播春收，通常与水稻轮作。

所属流域	油菜籽生产加工主要省（市）
长江上游	四川，贵州，云南，重庆
长江中游	湖北，湖南，安徽，江西，河南
长江下游	江苏，浙江，上海

8. 什么是"双低"油菜？

作为世界四大油料作物之一，我国的油菜种植面积约有1亿亩，菜籽油占国产油料作物产油量近50%，主产区为长江流域和南方地区，大多以冬闲田种植油菜，与水稻的种植时间互相衔接。

以前的菜籽油品质不如其他食用油健康的主要原因是普通油菜籽的芥酸占总脂肪酸含量的40%，而相对健

康的不饱和脂肪酸如油酸、亚油酸含量偏低，只占总脂肪
酸含量的 30% 左右。这导致菜籽油的营养比较差。对于
正常人来讲，由于人体中含有一种融解消化芥酸的酶，适
度摄入芥酸是没有问题的，但过量摄入芥酸会对心脏病人
的心脑血管造成负担，从而损害身体健康。

精炼菜籽油

菜籽粕制成的复合饲料

此外，榨油后剩下的菜籽粕中蛋白质含量极高，是良好的动物饲料。但是，因为含有大量的硫代葡萄糖苷，它在酶的作用下会生成有毒物质，使动物出现多种中毒症状，所以过去菜饼一般仅用作肥料。因此，双低油菜品种的培育是提高油菜品质的必然之路。

加拿大科学家鲍德斯蒂劳森博士在 1964 年培育出了世界上第一个低芥酸油菜品种，成功将油菜中的芥酸含量降低到 5% 以下，不再对人体健康造成影响，并后续又培育出世界上第一个"双低"（低芥酸、低硫苷）油菜品种。

随着菜籽油中芥酸含量降低，导致不饱和脂肪酸含量也相应升高。例如，中国农科院油料所培育的油菜新品系 Q924 的含油量达 65.2%，是当时油菜含油量的最高纪录。菜籽油的油酸、亚油酸、亚麻酸含量适宜，且富含维生素 A、维生素 E、植物固醇和植物多酚等营养成分。研究显示，双低菜籽油还具有降低总胆固醇、预防心脑血管疾病、延缓衰老、促进人类大脑及视网膜发育等多重保健功效。

如今，双低菜籽油是我国第一大国产植物油，也是国际上推荐的最健康的食用油之一。此外，由于油菜主产区种植的是冬性油菜，生长周期与棉花、水稻可以相互衔接，因此发展油菜生产是解决食油不足的良好途径。

菜籽油的成分

油菜的用途

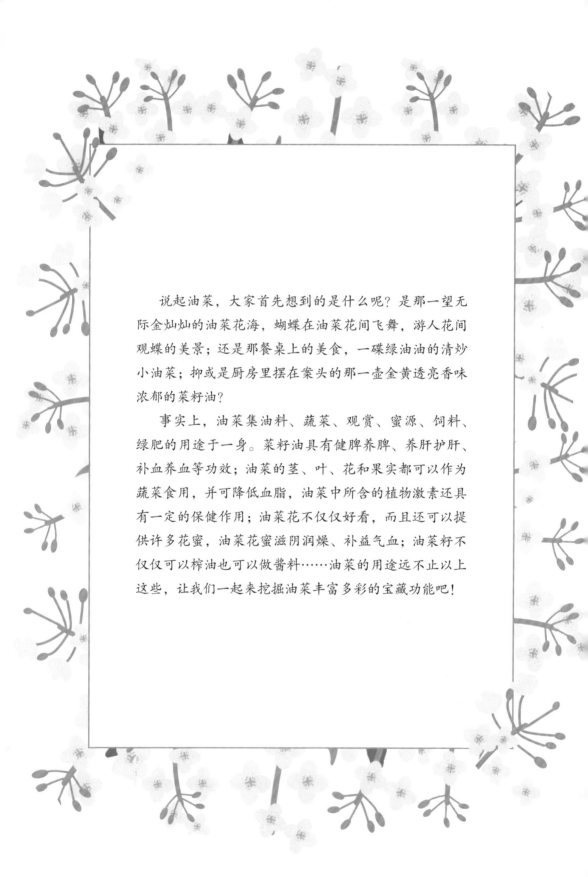

　　说起油菜，大家首先想到的是什么呢？是那一望无际金灿灿的油菜花海，蝴蝶在油菜花间飞舞，游人花间观蝶的美景；还是那餐桌上的美食，一碟绿油油的清炒小油菜；抑或是厨房里摆在案头的那一壶金黄透亮香味浓郁的菜籽油？

　　事实上，油菜集油料、蔬菜、观赏、蜜源、饲料、绿肥的用途于一身。菜籽油具有健脾养脾、养肝护肝、补血养血等功效；油菜的茎、叶、花和果实都可以作为蔬菜食用，并可降低血脂，油菜中所含的植物激素还具有一定的保健作用；油菜花不仅仅好看，而且还可以提供许多花蜜，油菜花蜜滋阴润燥、补益气血；油菜籽不仅仅可以榨油也可以做酱料……油菜的用途远不止以上这些，让我们一起来挖掘油菜丰富多彩的宝藏功能吧！

9. 为什么说油菜全身都是宝?

　　油菜全身都是宝,它的茎、叶、角果都可以食用,正如元代诗人吕诚描述的那样:"江乡正月尾,菜薹味胜肉。茎同牛奶腴,叶映翠纹绿。"

　　油菜营养丰富,富含各种维生素和人体必需的微量元素锌、硒,且耐储存、口感好、色泽翠绿,深受广大消费者喜爱。

可作为蔬菜食用的油菜薹

油菜角果

油菜叶

双低油菜籽除了可以榨油外，榨油后的副产品菜籽粕，蛋白质含量可达 40%，是一种常用的动物饲料。

此外，油菜是一种有着很好功效的蜜源植物，我国油菜分布广，尤其是南方地区种植面积很大。由于庞大的油菜花面积，油菜蜜成为我国产量最高的蜂蜜。在营养价值方面，油菜蜜的主要成分和其他蜂蜜一样，有着增强免疫、促进消化、补肾益气、保护血管、美容养颜的功效。

正在采蜜的蜜蜂

菜籽粕用作动物饲料

10. 油菜的营养价值有哪些?

油菜中含有丰富的钙、铁、钾等元素和大量的维生素 A、维生素 C,属于含维生素及矿物质非常丰富的蔬菜之一,有助于维持身体免疫功能。其中,油菜是含钙量最高的绿叶蔬菜,成人若每天吃 500 克左右油菜,人体所需的维生素、钙、铁等物质就可基本得到满足。

不同品种油菜薹与白菜薹营养成分比较

品种	维生素	蛋白质	粗纤维	可溶性	锌	铁
白菜薹	55.4	3.12	1.10	2.51	2.79	23.20
建油 1	93.10	3.16	1.13	1.72	4.91	29.27
丰油 10	103.87	3.57	1.14	2.20	6.19	30.03
双油	115.67	3.49	1.17	2.37	6.60	32.40

注：数据来自《湖北农业科学》(不同品种双低甘蓝型油菜薹营养品质分析与评价，王建平等)

《本草纲目》将油菜作为药物，其茎、叶和种子"辛温无毒，方药多用"，有"行血、破气、消肿、散结"的功能。

11. 各地油菜花节的兴起

油菜花期长、种植规模大、颜色艳丽，具有很高的观赏价值。在油菜花开的季节，一望无际的金色菜花海，令人心旷神怡，流连忘返。

近年来，越发火热的油菜花节也成了人们旅游观光的好去处，并给当地带来了可观的经济效益。

油菜花开

古往今来，壮观的油菜花田吸引了无数文人墨客为它留下诗篇。

《宿沣曲僧舍》

唐·温庭筠

东郊和气新，芳霭远如尘。

客舍停疲马，僧墙画故人。

沃田桑景晚，平野菜花春。

更想严家濑，微风荡白苹。

《春日书事呈历阳县苏仁仲八首其一》

宋·王之道

芳草池塘处处佳，

竹篱茅屋野人家。

清明过了桃花尽，

颇觉春容属菜花。

油菜的故事

YOUCAI DE GUSHI

12. 菜籽油有哪些优点?

首先,菜籽油中富含油酸、亚油酸、亚麻酸和 ω-3 脂肪酸等,各种脂肪酸比例最接近人体需求。美国塔夫斯大学人类营养研究中心主任爱丽丝·里奇特斯坦教授研究显示,菜籽油中含有 62% 的单不饱和脂肪酸和 32% 的多不饱和脂肪酸,饱和脂肪酸含量仅为 6%,是所有食用油中最低的。此外,随着双低油菜的普及,成品菜籽油中芥酸含量普遍低于 2%,已经很难再对人体产生副作用。

其次,菜籽油富含的甾醇和多酚是天然的抗氧化剂,具有降低胆固醇、改善心血管疾病、清除自由基、抗癌等功能。

此外,菜籽油还富含维生素 E 以及铁、硒等元素。

| 拓展知识 |

各种常见油的成分比较

从人体健康角度看，食用油中多不饱和脂肪酸好于单不饱和脂肪酸和饱和脂肪酸。

常用植物油如花生油、玉米油、葵花籽油中的不饱和脂肪酸含量（如油酸、亚油酸等）均低于菜籽油，竞争力不强。

橄榄油、茶籽油尽管不饱和脂肪酸含量与菜籽油相当，但缺乏人体必需的亚麻酸，且价格较高。

与其他食用油相比，低芥酸菜籽油的饱和脂肪酸含量最低，油酸的比例可达60%以上，且含有比例最高的 ω-3 脂肪酸和仅次于亚麻籽油的 α-亚麻酸（ALA），因而低芥酸菜籽油堪称性价比最高的健康食用油。

营养成分表

项目	每100克	营养素参考值%
能量	3696千焦	44%
蛋白质	0克	0%
脂肪	99.9克	166%
胆固醇	0毫克	0%
碳水化合物	0克	0%
钠	0毫克	0%

亚油酸含量17.0克/100克，亚麻酸含量6.5克/100克

项目	每100克	营养参考值%
能量	3700千焦	44%
蛋白质	0克	0%
脂肪	100.0克	167%
胆固醇	0毫克	0%
碳水化合物	0克	0%
钠	0毫克	0%
维生素E	20.00毫克 □生育酚当量	143%

♥磷脂含量≥20mg/100g ♥油酸含量≥51g/100g

两种市场常见品牌菜籽油的营养成分表

13. 如何挑选菜籽油?

观察颜色　优质的菜籽油呈金黄色或者是褐色,区别的方法是产品标签上标明的油品等级:一级油、二级油为金黄色,三级油和四级油则为褐色或深褐色。这主要是因为一级、二级菜籽油基本经过了全精炼程序,已经将油脂中的色素进行了脱出;而三级、四级菜籽油仅经过了精炼工序的前两道,未进行脱色处理,因此三级、四级菜籽油的颜色会比较深。

看透明度　消费者购买菜籽油时可对着灯光,查看油液品质,优质的一二级菜籽油一定是清澈通透的,三四

粗榨菜籽油(左)和
精炼菜籽油(右)

级风味油的通透度稍微弱于一二级，但不会出现液体浑浊和杂物。

粗榨菜籽油由于含有较多的杂质，颜色相对较深，偏深绿色，含有少量的硫苷，大量摄入对人体有害，但闻起来香气更浓，而精炼菜籽油因为制作工艺更加成熟，色泽相对清澈透亮，杂质较少。

嗅闻气味　可以将买回来的菜籽油倒一点在手中，双手合拢，用劲搓手中的菜油，然后将手放在鼻子上闻，两款色泽相近的菜籽油，香气越浓，一般质量越好。

品尝味道　取少许菜籽油品尝，优质的菜籽油会有一点点辛辣味道，不会出现酸味、苦味或者其他的味道。

搓手闻味

品尝味道

转基因油菜

作为承载着悠久古代农耕文明的载体，如今的油菜将如何发展？面临全球耕地面积减少，气候环境恶化的严峻形势，作物育种是解决世界农业困局和保障世界粮食安全的关键。和人工诱变、杂交育种这些传统的育种方法相比，转基因育种具有不可比拟的优势：目标明确、可控性强、效率更高，育种周期短、后代表现可以预期，并且可以打破不同物种间天然杂交的屏障，实现原物种所不可能出现的性状。近年来，随着全球转基因技术快速发展，油菜新品种也层出不穷。

转基因油菜作为世界四大转基因农作物种植品种之一，已在加拿大、美国、澳大利亚和智利等国家广泛种植，中国每年也在进口大量的转基因油菜。那么，问题来了，为什么要培育转基因油菜？转基因油菜安全吗？我们国家究竟种没种转基因油菜？如何鉴别转基因油菜？带着这些问题，让我们一起探索转基因油菜的秘密吧！

14. 为什么要研究转基因油菜？

转基因油菜是利用现代分子生物学技术和手段对油菜基因组进行改造，从而获得具有新性状的油菜作物。

现有的转基因油菜以抗除草剂油菜和品质改良型油菜为主。

那各国为什么要种植转基因油菜呢？较低的成本与较高的产量是各国最终选择接受转基因油菜的主要原因。

抗除草剂油菜是转基因油菜中种植面积最大的类型，通过研究发现，转入抗除草剂基因可以显著提高油菜籽的产量，同时降低田间除草的难度。

空中喷洒农药

以目前最大的转基因油菜种植国加拿大为例，该国西部三省于 1995 年开始引种抗除草剂转基因油菜，且推广相当迅速，2002 年推广面积占种植面积的 84%，2007 年则占到了 98%，2018 年转基因油菜的种植面积达到了 870 万公顷。

加拿大油菜协会分析了推广抗除草剂转基因油菜对农业和经济的影响。结果显示，引种抗除草剂转基因油菜后产量增加，水土保持得到改善，轮作的灵活性增强，菜籽中的杂质减少且除草开支降低，总体生产成本显著下降。

2017 年公布的一项研究显示，加拿大种植的抗除草剂转基因油菜每年为加拿大经济贡献 267 亿美元，并提供了 25 万多个加拿大就业机会，这些劳动者还可获得 112 亿美元的工资。

加拿大每年生产的菜籽油和菜籽粕绝大多数用于出口，其中美国是主要进口国，其次就是中国。也正是因为极好的经济效益，抗除草剂转基因油菜在全世界的种植面积已超 1 000 万公顷。

加拿大转基因油菜田

15. 全球有多少国家在种植转基因油菜?

由于除草方便以及种植成本低，转基因油菜也是全球大量种植的农作物之一，据 ISAAA（国际农业生物技术应用服务组织）的统计表明，近年来转基因油菜种植面积趋于稳定。2019 年转基因油菜的种植面积达 1 010 万公顷，占全球油菜种植面积的 27%。

目前，商业化种植的转基因油菜主要是抗除草剂转基因油菜，此外还有高月桂酸转基因油菜、含 ω-3 脂肪酸的转基因油菜等品质改良型品种。

允许种植转基因油菜的国家包括加拿大、美国、澳大利亚和智利这四个国家，其中加拿大的种植面积是最大的。

美国、加拿大是最早商业化种植转基因油菜的国家，目前两国种植的油菜基本都是转基因品种。截至 2017 年，美国已获批 40 多个商业化转基因油菜品种，种植面积共计 80 万公顷。

欧盟方面，2019 年消费了 250 万～500 万吨油菜籽产品（其中近 25% 是转基因油菜），主要作为动物饲料。由于欧盟相对严格的监管，所以始终没有批准转基因油菜的种植。

自从 1992 年世界上第一个转基因作物获得监管批准以来，到 2019 年底为止，共有 15 个国家的 38 个油菜转化体获得批准，并作为食品、动物饲料或商业种植。从 2017—2020 年的进口量来看，我国进口油菜籽 250 万 ~ 450 万吨，全部都是来自加拿大的转基因油菜籽，而国产的非转基因油菜籽产量 1 400 多万吨，因此就总量来看，我国油菜籽仍然以非转基因为主。

成片的油菜田

| 拓展知识 |

转化体（Event）或者叫转化事件，是指利用基因工程技术获得的具有特定外源基因整合结构并稳定遗传的转基因动植物，表现为有特定目标性状可稳定遗传的育种材料。因此，一个转化体可以培育出很多不同的转基因品种，但这些品种所转入的外源基因是相同的。

| 拓展知识 |

全球种植的转基因油菜有哪些？

全球允许商业化种植的转基因油菜品种众多，其中抗除草剂转基因油菜的种植面积超过95%。

全球范围曾经获得商业化种植许可的转基因油菜包括比利时植物遗传系统公司（PGS）的抗草铵膦的油菜品系"MS1×RF1""MS1×RF2"和"MS8×RF3"、孟山都公司（Monsanto Company）研发的抗草甘膦油菜品种"GT73/RT73"、艾格福公司（AgrEvo）开发的抗草铵膦油菜"HCN92""HCN10"和"HCN28"、拜耳公司（Rhone Poulenc）的抗溴苯腈除草剂油菜品种"OXY235"等。

拜耳公司

艾格福公司

MONSANTO

孟山都公司

全球著名转基因公司

| 拓展知识 |

在 2005 年的统计中，抗草甘膦品种"GT73 / RT73"及其衍生品种，占加拿大油菜种植面积的 46%，抗草铵膦杂交油菜"MS8×RF3"及其衍生组合，占加拿大油菜种植面积的 31%，这也是世界上种植面积最大的 2 个转化体。

16. 中国允许转基因油菜的进口与种植吗?

经国家农业转基因生物安全委员会评审，我国可以允许进口的转基因作物有大豆、玉米、棉花、油菜和甜菜5种，但它们只可以用来作为加工原料，而不可以用于种植。

我国允许进口并用作加工原料的转基因油菜品系共有9种，均为来自拜耳作物科学公司和巴斯夫种业有限公司的抗除草剂油菜，主要用于榨油和动物饲料。

17. 中国为什么要进口转基因油菜籽?

中国是种植油菜历史最悠久的国家和最大的消费国与进口国，每年会消耗大量的油菜籽用于榨油与动物饲料。由于我国耕地面积有限，而饲料需求有增无减，作为重要的油料作物，油菜籽需求量始终较高。

相较于国内油菜籽，国外尤其是加拿大油菜籽含油量高，竞争力强，从20世纪90年代起就批量进入中国。

油菜品种农业转基因生物安全证书批准清单（进口用于加工原料）

序号	审批编号	申报单位	项目名称	有效期
1	农基安证字（2021）第 312 号	拜耳作物科学公司	转 *cp4epsps* 和 *goxv247* 基因抗除草剂油菜 GT73	2021 年 12 月 17 日至 2026 年 12 月 16 日
2	农基安证字（2021）第 313 号	拜耳作物科学公司	转 *cp4epsps* 基因耐除草剂油菜 MON88302	2021 年 12 月 17 日至 2026 年 12 月 16 日
3	农基安证字（2021）第 320 号	巴斯夫种业有限公司	转 *bar*、*barnase* 和 *barstar* 基因抗除草剂油菜 Ms1Rf1	2021 年 12 月 17 日至 2026 年 12 月 16 日
4	农基安证字（2021）第 321 号	巴斯夫种业有限公司	转 *bar*、*barnase* 和 *barstar* 基因抗除草剂油菜 Ms1Rf2	2021 年 12 月 17 日至 2026 年 12 月 16 日
5	农基安证字（2021）第 322 号	巴斯夫种业有限公司	转 *bar* 和 *barstar* 基因耐除草剂油菜 RF3	2021 年 12 月 17 日至 2026 年 12 月 16 日
6	农基安证字（2021）第 323 号	巴斯夫种业有限公司	转 *pat* 基因抗除草剂油菜 Topas19/2	2021 年 12 月 17 日至 2026 年 12 月 16 日
7	农基安证字（2022）第 008 号（续申请）	巴斯夫种业有限公司	转 *bar*、*barnase* 和 *barstar* 基因耐除草剂油菜 Ms8Rf3	2022 年 4 月 22 日至 2027 年 4 月 21 日
8	农基安证字（2022）第 009 号（续申请）	巴斯夫种业有限公司	转 *pat* 基因耐除草剂油菜 T45	2022 年 4 月 22 日至 2027 年 4 月 21 日
9	农基安证字（2022）第 010 号（续申请）	巴斯夫种业有限公司	转 *bxn* 基因耐除草剂油菜 Oxy-235	2022 年 4 月 22 日至 2027 年 4 月 21 日

注：数据来源于农业农村部网站。

此后，随着转基因油菜的兴起，国际市场转基因油菜籽份额不断增加。出于国内需求、市场开放以及生物技术发展等因素考虑，经过极为严格的食用安全、环境安全评价，中国对一些转基因品种颁发了生物安全证书（进口）并允许其进入中国用于加工原料。

现在，转基因油菜是中国进口量第二大的转基因农产品，且几乎全部来源于加拿大。

正在入关的集装箱物品

|拓展知识|

自 2001 年中国加入 WTO 以来，油菜籽的进口量不断增加。因为国内油菜籽价格明显高于国际油菜籽价格，所以国内油菜产业受到进口油菜籽的竞争性冲击，国产油菜籽市场受到严重挤压。出于保护国内种植油菜籽农民的利益及产业链发展等因素考虑，国家有着一定的保护性政策。但不得不承认，国内油菜籽在国际上竞争力较差，出口量极少，同时，国家政策对油菜籽进口量的影响也比较大。

1994 年以前，我国因为极高的关税，油菜籽进口量很少，1994 年进口油菜籽、菜籽油的关税降至 13%，导致进口量增加。为保护本土产业，1996 年对植物油实行关税配额管理制度，超过配额会被加收关税，2001 年又取消了该政策。此外，2015 年取消油菜籽临储收购政策以后，由于受油菜种植收益下滑等影响，我国油菜种植面积逐年减少，油菜产业陷入了瓶颈，并被进口油菜籽取代了一部分市场份额。

海上贸易

18. 转基因产品进入中国需要哪些条件?

　　我国对于转基因产品的进口流程有着非常严格的要求,除了常规农产品进口的要求外,每一批进口产品均需要先提供转基因品种的生物安全证书,并确保产品与证书允许的品种一致才可以进入我国。

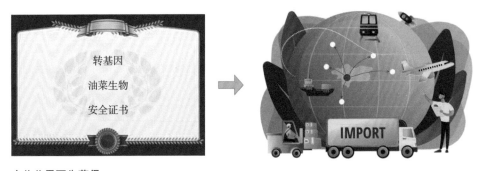

转基因

油菜生物

安全证书

农作物需要先获得转基因生物安全证书才可以进口

IMPORT

　　获得转基因生物安全证书的步骤如下。

　　首先,产品输出国已经允许这个转基因品种作为加工品并投放市场。

　　其次,输出国经过科学试验证明对人体、动植物、微生物和生态环境无害。

　　最后,经过转基因生物技术检测机构检测,确认对人体、动植物、微生物和生态环境不存在危险，并有相应的安全管理、防范措施。

只有经过了以上流程，才可以获得由农业农村部颁发的农业转基因生物（进口）安全证书。由此我们可以看出，进口的转基因产品比普通农产品有着更加严格的监管措施。

19. 评估转基因生物安全性的原则是什么？

转基因的安全性是一直以来争论的焦点，它主要包括食用安全和环境安全两个方面。任何一个转基因农作物的商业化都要经过严格的食品安全和环境安全的评估，评估的基本标准就是指转基因农作物要像传统农作物一样的安全。

世界各国都有自己的评价体系，对要上市的转基因产品进行充分的论证和检验。虽然各国进行安全评价的程序各异，但总的评价原则和技术方法，都还是按照国际食品法典委员会的标准制定的。

　　而我国对转基因作物评价原则主要有：实质等同原则、个案分析原则、分阶段原则、科学原则、预防原则和熟悉原则。

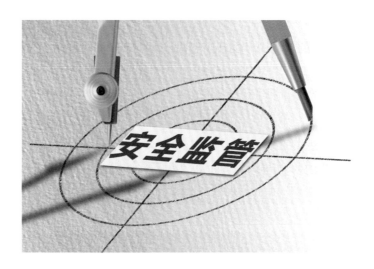

　　我国也制订了对转基因安全的评价方法。2001 年5 月 9 日，国务院颁布实施了《农业转基因生物安全管理条例》，2002 年 1 月 5 日农业部第 8 号令发布了《农业转基因生物安全评价管理办法》，制定了严格科学的转基因安全评价程序以及食用安全评价与环境安全评价要求，确保通过安全评价上市的转基因产品安全性。总的来说，对于转基因生物的安全性，无论是国际上还是国内，都已经制定了详细的评价规则，并据此对转基因生物进行了严格周密的试验，以保证对人、环境、生态的安全。

2022 年初，农业农村部新修订了《农业转基因生物安全评价管理办法》，办法全方位的解释了转基因生物的安全性评价所需要的各项资料。

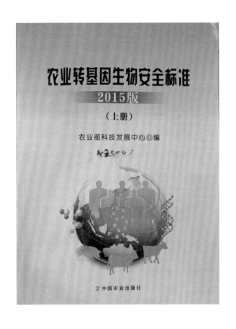

农业转基因生物安全标准合集

以转基因植物为例，需要经过以下四个方面的安全评估才可以通过检测中心的安全评价：受体植物的安全性评价、基因操作的安全性评价、转基因植物的安全性评价和转基因植物产品的安全性评价。其中，仅转基因植物的安全性评价，需要就植物的遗传稳定性、对生态环境的影响、对人体健康的影响这三个方面进行安全评估，包括了遗传物质向其他生物发生转移的可能性、生态环境中的生存竞争能力、对人体毒性、过敏性等共有 16 个小点。

因此，凡是通过了安全评价的转基因作物在健康、环境等方面都是经过反复验证且安全的。美国疾病防控中心的报告也证实"转基因食品商业化以来，迄今没有发生过一起经过证实的食用安全事故报道"。

20. 转基因食品和非转基因食品哪个更好?

人们往往觉得纯天然的食品最好，转基因食品则不安全，是这样的吗?

转基因食品指的是利用转基因技术获得的转基因生物，并以该转基因生物为直接食品或作为原料加工生产的食品，所有转基因作物在批准种植前都会经过严格的食用安全评价和环境安全评价以确保安全。

传统作物育种则是通过杂交和诱变育种等方式形成新的品种，对新品种安全性的审核相对简单，但诱变同样属于基因层面的改变，同样不能保证绝对安全。因此，理论上，转基因作物因为经过了更加严苛的品种审核，反而更加安全。

另一方面，如果没有人类，在自然选择中作物会更倾向于朝着对自身有利的方向进化，而这对人类来说未必是好的。事实上，我们现在吃的作物都是人们一代代人工选择的结果，并不是纯粹的"纯天然作物"。例如，香蕉与水稻在经过漫长的人工选择后与原来的野生品种有了巨大的变化。

野生香蕉与人工选
育后的香蕉

野生水稻与人工选
育后的水稻

21. 有天然的转基因作物吗?

事实上,自然界中真的存在天然的转基因作物。

农杆菌介导法是研制转基因作物常用的方法,是利用农杆菌可以侵染植物细胞并将自身的 T–DNA 插入到植物基因组的能力,通过人工手段,将目的基因插入植物基因组并可以稳定地遗传下去。

同样的原因,科学家们通过对 291 个红薯样品的研究,发现其中都有农杆菌的 T–DNA,并证明了红薯在进化过程中是一种天然的转基因作物,农杆菌和红薯之间发生了水平基因的转移,所以自然界中也存在天然的转基因作物。

而后续的很多研究也说明了自然界中物种之间基因的水平转移是一种普遍现象。英国的科学家们分析了包括主粮作物在内的 17 个草种的基因组,并确定其中至少 13 个物种存在物种间的基因转移。此外,土豆基因组中也被发现有农杆菌和其他细菌的基因。因此,天然的转基因作物是很多的。

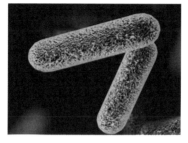

农杆菌与天然的转基因作物红薯

22. 转基因食用安全的评价

国际食品法典委员会在 1997 年提出的用于评价食品、饮料、饲料中的添加剂、污染物、毒物和致病菌对人体或动物潜在副作用的科学程序，现在已经成为世界各国制定风险性评价标准和管理办法、开展食品风险性评价以及进行风险性信息交流的基础。

从实际应用的角度看，转基因产品早已深入我们的日常生活，目前使用的人胰岛素、抗生素、食品酶制剂、啤酒酵母和奶酪等，很多都是利用转基因技术生产出来的。过去 20 多年，全世界 20 多个国家种植了 20 多亿公顷转基因作物，60 多个国家和地区的几十亿人食用了转基因产品，但从未发生被科学证实的因转基因而导致的安全问题。

注射胰岛素

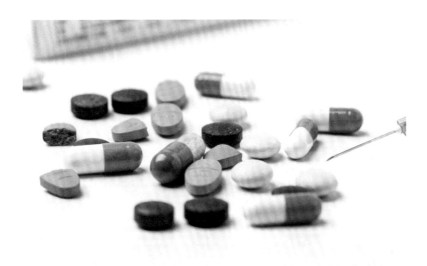

基因工程药物

啤酒

奶酪

23. 如何辨识转基因菜籽油？

转基因作物是在基因层面对植物进行的改造，大多数改造，如加入抗虫、抗除草剂基因不会对植物的外观造成影响，因此，无法用肉眼直接观察的方法判断油菜是否转入了外源基因。

为了确定作物是否为转基因，常用的检测方法主要是核酸检测和蛋白检测，需要根据检测对象选择合适的方法。但对于消费者来说，很难在日常生活中使用这些方法进行验证。因此，为了保护消费者的知情权和选择权，我国实施转基因标识制度。含有转基因成分的食用油必须在包装上标有显而易见的"转基因标识"，例如在配料表中标注"本品含有转基因油菜籽"文字，当消费者在选购食用油时，看看标签就知道是否为转基因产品了。

农业农村部部长韩长赋曾说过："转基因安全不安全，由科学来评价；能种不能种，由法规来规范；食不食用，由消费者自行选择。"

2018 年农业农村部、国家卫生健康委员会和国家市场监督管理总局联合发布的《关于加强食用植物油标识管理的公告》称：转基因食用油应当按照规定在标签和说明书上显著标示。市场上并不存在该种转基因作物及其加工品的，其标签、说明书上不得标注"非转基因"字样。

例如：原料为非转基因的菜籽油可在成分表中标示"非转基因"，原料为转基因的菜籽油必需标识"原料含有转基因"。而花生油不能标示"非转基因"，因为我国并未批准进口花生用作食用油加工原料且未批准进口转基因花生在国内商业化种植，市场上也并不存在转基因花生油。

│ **拓展知识** │

我们想知道食物中是否含有转基因成分，实验室中常用的是核酸检测以及试纸条检测这两种方法。

与新冠核酸检测的原理类似，转基因核酸检测法是针对样品中是否含有外来的基因片段进行检测，用PCR（polymerase chain reaction，聚合酶链式反应）的方式，通过特定引物将植物的遗传物质进行扩增，检测是否含有转基因产品中的通用元件以及转化事件。相比于试纸条检测，核酸检测具有适用范围广、灵敏度和准确性高等优点，大豆、玉米粒等植物原料和豆腐、饼干、爆米花等加工品都可以检测。

PCR 是最常见的分子生物学技术之一，它的原理类似于 DNA 的天然复制过程，在一定条件下，可以使目标 DNA 以一变二、二变四的方式，大量扩增基因片段。

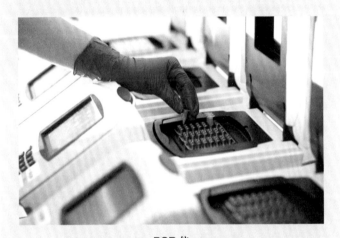

PCR 仪

|拓展知识|

如果我们在田间就想快速检出一个植物是不是转基因植物要怎么做呢？转基因试纸条检测就是最适合的方法。

　　它的原理是利用抗原与抗体的特异性结合，样本在研磨后释放出了细胞内的蛋白，外源蛋白作为抗原在毛细管作用下移动，并与胶体金标记的抗体1特异性结合，形成抗原－抗体－胶体金复合物，它们继续流动和检测线上的抗体2结合形成双抗体夹心复合物并显出颜色。因此，当检测线显色，有2条带出现，结果就为阳性，样本含有转基因成分；反之，仅有1条带，则结果为阴性。

　　相比于核酸检测，试纸条检测速度更快更简便，成本更低，对于仪器的要求也较低。当然，它的缺点是准确性相对要低一些，且对于大多数加工后的食品都不适用。

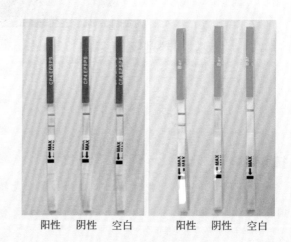

试纸条检测

24. 为什么杂草对油菜危害较大？

油菜在种植的时候，许多人特别注意防治病虫害而下意识忽略杂草的防除，最后却发现虽然病虫害得以控制，但杂草却疯长，油菜莫名其妙地发病萎缩甚至枯死。

这是因为杂草与油菜在有限的空间内会争夺阳光、营养、水和生存空间等资源，并带来病菌和害虫，最终影响油菜的产量和品质。相关调查表明，长江流域油菜田遭受杂草危害的面积占油菜种植面积的近五成，青海等地春油菜田的草害则更为严重。

利用除草剂进行化学除草是目前农田主要的除草方法之一。在国内常见的农田杂草中，双子叶杂草是造成草害的主要类型。但是，由于油菜也是双子叶植物，因此在油菜田使用除草剂的效果不太理想。

为了解决油菜田杂草危害的问题，科学家们通过对不同类型除草剂的作用机理研究，希望可以筛选和培育出对抗除草剂的油菜品种。

25. 除草剂是怎么杀死杂草的？

一是干扰杂草内源激素。激素调节着植物的生长发育过程，有些除草剂可以作用于植物内源激素，从而扰乱了杂草的生长、发育和正常生理代谢过程，最终导致植物死亡。

二是抑制植物呼吸作用。有些除草剂可以渗入植物细胞线粒体内，阻碍植物呼吸系统的电子传递，从而破坏植物呼吸系统，导致植物逐渐死亡。

三是抑制植物氨基酸生物合成。比如草甘膦主要抑制芳香族氨基酸的合成，磺酰脲类除草剂通过抑制乙酰乳酸合成酶活性，从而导致缬氨酸与异亮氨酸缺乏，使植物生长受抑制并死亡。

四是抑制细胞分裂。细胞自身具有增殖能力，除草剂主要通过作用于幼芽和幼根两个部位，对植物细胞分裂产生抑制作用，从而导致植物死亡。

五是抑制光合作用。主要是影响色素合成、破坏细胞膜、影响电子传递链等几方面，导致杂草不能制造新的养分，最终消耗掉原有养分后便饥饿而死。

| 拓展知识 |

除草剂品种繁多，根据作用对象不同可分为两类，即选择性除草剂和灭生性除草剂。

选择性除草剂是指只杀灭某一种或某一类杂草而不伤害作物的除草剂，如稀禾定和禾草克只灭杀单子叶植物而不伤害双子叶植物，苯磺隆只灭杀双子叶植物而不伤害单子叶植物。

灭生性除草剂又称非选择性除草剂，是对植物具有广谱性杀灭作用的除草剂。常见的灭生性除草剂包括草甘膦、百草枯、草铵膦等。

26. 植物抗除草剂的原理

为了减少种植成本，人们希望可以获得有抗除草剂能力的油菜品种，抗除草剂转基因油菜应运而生。

以抗草甘膦的转基因油菜 GT73 举例来说，草甘膦是一种常用的灭生性广谱除草剂，对大多数植物具有灭杀作用且稳坐世界第一大农药的宝座。它能抑制植物中 5- 烯醇式丙酮酸莽草酸 -3- 磷酸合成酶（EPSPS）的活性从而阻断莽草酸途径。这会导致植物的一些芳香族氨基酸（苯

丙氨酸、酪氨酸、色氨酸）和其他多种芳香族化合物的合成受到抑制，进而导致植物死亡。

而科学家们在农杆菌中发现的 CP4-EPSP 合成酶可以有效对抗草甘膦的功效。它对草甘膦敏感性比较低，不受草甘膦的抑制，使得转基因植物体内的莽草酸途径可以正常进行。因此，将农杆菌中编码 CP4-EPSP 合成酶的基因转入植物中，可以使植物获得对草甘膦的抗性。

27. 世界杂交油菜之父——傅廷栋

1938 年出生于广东省郁南县的傅廷栋，是新中国首位油菜遗传育种专业的研究生，被称为"世界杂交油菜之父"，是中国油菜杂种优势利用研究的开拓者之一。他专注杂交育种 60 余年，带领团队培育出近 60 个油菜品种，被人们亲切地称为"油菜院士"。

油菜是自花授粉类植物，只有找到雄性不育油菜，才能够大量生产杂交种子。20 世纪 40—60 年代，各国科学家都在寻找这种油菜，直到 1972 年，傅廷栋在油菜试验田中排除了几十万株雄性菜花样本之后，成功发现了 19

株名为"波里马细胞质雄性不育性"的变异植株，成为世界上第一个有实用价值的雄性不育油菜植株。

1973 年傅廷栋将波里马不育种子提供给全国有关单位共同研究，直到 2016—2018 年全国推广面积最大的 5 个油菜品种中仍有 4 个是波里马雄性不育杂交种。

傅廷栋和他的团队又进一步提出"双低 + 杂交优势"的育种目标，带领团队在西北、西南地区进行夏繁加代工作，即夏天在武汉收获种子之后，带到青海、云南高海拔地区播种，等到秋天收获后再带回武汉播种。1992 年，傅廷栋选育的我国第一个低芥酸杂交油菜品种"华杂 2 号"问世，如今"华杂"系列品种已达数十个，创经济效

益高达 30 亿元。

在世界油菜杂交种应用的第一个 10 年（1985—1994年），中、加、澳等国共注册了 22 个油菜三系杂交品种中，有 13 个是利用他发现的波里马雄性不育系育成的。他育成优质油菜杂交种 15 个，累计推广面积近亿亩，为中国油菜生产作出了重要贡献。傅廷栋院士曾获国家科技进步一等奖和二等奖改革开放以来"中国种业十大功勋人物"、国际油菜科学界最高荣誉奖"GCIRC 杰出科学家奖"等荣誉。

参考文献

［1］ 佟屏亚，FOTOE. 油菜花开遍地金［J］. 森林与人类，
2010，238（04）：64–81.

［2］ 佟屏亚. 油菜史话［J］. 农业考古，2004（01）：140–143.

［3］ 诸锡斌. 古今农业史话［M］. 昆明：云南科技出版社，
2006.

［4］ 何余堂，陈宝元，傅廷栋，等. 白菜型油菜在中国的起
源与进化［J］. 遗传学报（英文版），2003，30（11）：
1003–1012.

［5］ 杨涛. 不同海拔环境中甘蓝型油菜籽粒主要性状的差异研
究［D］. 西南大学，2007.

［6］ 江建霞，张俊英，李延莉，等. 中国抗除草剂油菜育种利
用研究进展［J］. 分子植物育种，2021，19（02）：591–
596.

［7］ 林菁华. 我国油菜种质资源的搜集和研究［J］. 河南农业，
2012（21）：63.

［8］ 王安田. 油菜机械化生产与推广模式研究［D］. 湖南农
业大学，2008.

［9］ 金珂旭，陈松柏，贺红周. 油菜花期调控研究进展及展望
［J］. 南方农业，2020，14（34）：26–28.

［10］ 左青. 我国油菜籽产业链的现状和思考［C］. 中国粮油

学会油脂分会第二十一届学术年会暨中国食用油产业发展论坛. 中国粮油学会，2012.

［11］范敬群. 此生痴醉油菜花——记中国工程院院士、华中农业大学教授傅廷栋［J］. 政策，2009（11）：3.

［12］熊秋芳，沈金雄，涂金星，等. 华中农业大学油菜遗传育种研究五十年［J］. 中国农业科技导报，2009（6）：6.